Ghulam Murtaza
Azhar Ali Khan
Syed Wasi Alam

Fortificação da AES com a transformação dinâmica da coluna de mistura

Ghulam Murtaza
Azhar Ali Khan
Syed Wasi Alam

Fortificação da AES com a transformação dinâmica da coluna de mistura

ScienciaScripts

Imprint

Any brand names and product names mentioned in this book are subject to trademark, brand or patent protection and are trademarks or registered trademarks of their respective holders. The use of brand names, product names, common names, trade names, product descriptions etc. even without a particular marking in this work is in no way to be construed to mean that such names may be regarded as unrestricted in respect of trademark and brand protection legislation and could thus be used by anyone.

Cover image: www.ingimage.com

This book is a translation from the original published under ISBN 978-3-659-36363-4.

Publisher:
Sciencia Scripts
is a trademark of
Dodo Books Indian Ocean Ltd. and OmniScriptum S.R.L publishing group

120 High Road, East Finchley, London, N2 9ED, United Kingdom
Str. Armeneasca 28/1, office 1, Chisinau MD-2012, Republic of Moldova, Europe
Printed at: see last page
ISBN: 978-620-8-01774-3

Dedicação

Gostaria de dedicar este trabalho aos meus falecidos pais. Não tenho palavras para exprimir o que sinto por tudo o que fizeram por mim

Agradecimentos

Tudo graças a Deus, misericordioso e benéfico.

Agradeço muito ao meu antigo professor de matemática, Dr. Karamat Hussain Dar, pelo seu apoio corajoso que me permitiu concluir os meus estudos e superar-me. Tenho muitas palavras de agradecimento para um revisor desconhecido que assinalou um erro importante durante o processo de revisão deste trabalho. Agradeço aos meus amigos e co-autores do artigo que trabalharam arduamente para concluir este trabalho. Os meus agradecimentos finais são para Zinaida Belibov do OmniScriptum Publishing Group, que considerou este trabalho para ser publicado sob a forma de brochura.

ÍNDICE DE CONTEÚDOS:

Lista do glossário

As seguintes definições são utilizadas ao longo deste livro

AES	Advance Encryption Standard
Array	An enumerated collection of identical items
Bit	A Binary digit value 0 or 1
Block	Sequence of binary digits (bits) that comprise the input, output, State, and Round Key. The length of a sequence is the number of bits it contains. Blocks are also interpreted as arrays of bytes.
Byte	A group of eight bits that is treated either as a single entity or as an array of 8 individual bits.
Cipher	Series of transformations that converts plaintext to ciphertext using the Cipher Key
Cipher Key	Secret, cryptographic key that is used by the Key Expansion routine to generate a set of Round Keys; can be pictured as a rectangular array of bytes, having four rows and Nk columns.
Ciphertext	Encrypted Data that is the output from the Cipher or input to the Inverse Cipher.
DSP	Digital Signal Processor
FPGA	Field Programmable Gate Array
MDP	Maximum Differential Probability
MDS Matrix	Maximum Distance Separable Matrix. In simple, a matrix whose all square sub matrices are non-singular.
MLP	Maximum Linear Probability
Plaintext	Data input to the Cipher or output from the Inverse Cipher.
Rijndael	Cryptographic algorithm specified in this Advanced Encryption Standard (AES).
RNG	Random Number Generator
Round Key	Round keys are values derived from the Cipher Key using the Key Expansion routine; they are applied to the State in the Cipher and Inverse Cipher.
State	Intermediate Cipher result that can be represented as a two dimensional array of bytes, having four 4 and 4 columns.
S Box	Non-linear substitution table used in several byte substitution transformations and in the Key Expansion routine to perform a one for-one substitution of a byte value.
Transformation Matrix	In linear algebra, a linear transformation can be represented by matrix, named as transformation matrix.
Word	A group of 32 bits that is treated either as a single entity or as an array of 4 bytes.

CAPÍTULO 1

1. Antecedentes

1.1. Segurança da informação e criptologia

Na era atual, o mundo tornou-se uma aldeia global onde a informação chega a todos os cantos em segundos. A Internet é o principal meio de acesso à informação. Consoante o tipo de informação, pode ser necessário protegê-la contra o acesso não autorizado, sob a forma de visualização, alteração e/ou difusão, etc. Assim, a segurança da informação é uma das principais preocupações do mundo atual. As informações podem ter de ser mantidas em segurança sob a forma de dados ou podem ter de ser enviadas de forma segura a uma parte relativa através de qualquer canal público, por exemplo, a Internet.

A encriptação ou cifra é o mecanismo de transformação de dados numa forma que é quase impossível de ler sem um conhecimento adequado, por exemplo, "uma chave". Após a transformação, estes dados são designados por dados cifrados. A descodificação ou decifração é o processo inverso da cifragem, em que os dados cifrados são novamente convertidos numa forma inteligível com a ajuda de uma chave.

A informação secreta que é geralmente necessária para a cifragem e a decifragem é a chave. Em alguns mecanismos de cifragem, a mesma chave é utilizada para os processos de cifragem e de decifragem, enquanto noutros mecanismos, as chaves utilizadas para a cifragem e a decifragem são diferentes

O domínio da ciência relacionado com a conversão de encriptação/desencriptação é designado por criptografia. Todo o processo de proteção da informação é designado por criptossistema. Um criptossistema pode incluir um algoritmo de cifragem, protocolos de transmissão seguros, dispositivos de comunicação, etc. A criptografia é uma das partes mais importantes de qualquer sistema de criptos.

A criptografia divide-se em dois ramos principais, nomeadamente a criptografia simétrica e a criptografia assimétrica.

A criptografia assimétrica, também conhecida como criptografia de chave pública, é normalmente utilizada para mensagens muito curtas. Utiliza chaves em pares para efeitos de encriptação/desencriptação. No par de chaves, uma é considerada a chave pública e a outra é considerada a chave privada. Uma mensagem cifrada por uma chave pública só pode ser decifrada por uma chave privada. Exemplos bem conhecidos são

RSA, DSA, ECC (Elliptic Curve Cryptography).

Por outro lado, na criptografia simétrica, também conhecida como criptografia de chave privada, é utilizada apenas uma chave secreta para encriptar/desencriptar mensagens

O termo criptanálise refere-se à quebra do criptossistema. Pode incluir, entre outros, a quebra de algoritmos de criptografia, a exploração de implementações, a violação de esquemas de autenticação, etc. A ciência relacionada com a criptografia e a criptanálise é conhecida como criptologia.

Para conceber um algoritmo de encriptação ou um protocolo criptográfico forte, deve recorrer-se à criptanálise para encontrar e corrigir quaisquer pontos fracos. Esta é precisamente a razão pela qual os melhores algoritmos de encriptação (mais fiáveis) são aqueles que foram disponibilizados ao escrutínio público. Por exemplo, o DES foi exposto ao escrutínio público durante anos e é, por isso, muito fiável, enquanto o Skipjack é secreto e menos fiável. É um princípio básico da criptologia que a segurança de um algoritmo não deve depender do seu carácter secreto. Inevitavelmente, o algoritmo será descoberto e os seus pontos fracos (se existirem) serão explorados.

As várias técnicas de análise de criptos que tentam comprometer os sistemas de criptos são designadas por ataques. Alguns ataques são gerais, enquanto outros se aplicam apenas a certos tipos de criptossistemas. Iremos discutir brevemente algumas técnicas de criptanálise bem conhecidas.

1.2.Cifras de bloco

Em criptologia, uma cifra de bloco é um algoritmo de encriptação de chave simétrica que pega num bloco de comprimento fixo de dados de texto simples e o transforma em texto cifrado com o mesmo comprimento de bloco. Neste processo, é utilizada uma chave secreta fornecida pelo utilizador, cujo comprimento pode ser diferente do comprimento do bloco de texto simples. A desencriptação é a transformação inversa da encriptação em texto cifrado, utilizando a mesma chave secreta.

As cifras de bloco desempenham o papel de componentes elementares importantes na conceção de muitos protocolos criptográficos e são amplamente utilizadas para implementar a cifragem de dados em massa.

A conceção moderna das cifras de bloco baseia-se no conceito de uma cifra de produto iterado. Estes tipos de cifras realizam o processo de cifragem em mais do que uma ronda. Cada ronda pode utilizar uma subchave diferente derivada da chave original por uma função designada por algoritmo de programação de chaves ou algoritmo de geração de chaves.

Seja uma cifra de bloco constituída por dois algoritmos emparelhados, um para cifrar um texto simples, digamos P, designado por **E** e o outro para decifrar um texto ***cifrado***, digamos **C**, designado por **D.** Ambos os algoritmos aceitam duas entradas, um bloco de entrada de tamanho **n** bits e uma chave de tamanho **k** bits e ambos produzem um bloco de saída de n bits. Então, formalmente, uma cifra de bloco é especificada por uma função de cifragem E_k (P) como

$$E(K, P): \{0, 1\}^k \times \{0, 1\}^n \rightarrow \{0, 1\}^n$$

Onde **k** é chamado de tamanho da chave e **n** é chamado de tamanho do bloco da função de criptografia. Normalmente, o tamanho do bloco, n da função de cifragem de um código de bloco é de 64 bits, 128 bits ou 256 bits. O tamanho do bloco significa sempre o tamanho do bloco de texto simples e do bloco de texto cifrado. O tamanho da chave, **k**, é de 128 bits ou 256 bits para um nível de segurança mais elevado

Para cada **K,** é necessário que a função E_k **(P)** seja uma função invertível em $\{0, 1\}^n$. O algoritmo de desencriptação **D** é definido como sendo a função inversa da encriptação, ou seja, **D** $= E^{-1}$. A inversa de $E_k(P)$, $E_k^{-1}(C)$ ou $D_k(C)$ é definida como uma função

$$D(K, C): \{0, 1\}^k \times \{0, 1\}^n \rightarrow \{0, 1\}^n$$

Em que K é o mesmo para ambos os painéis **D** e $D(K, E(K, P)) = P$, $\forall K$

1.2.1. Cifras de bloco iteradas

A maior parte dos algoritmos de cifra de bloco são classificados como cifras de bloco iteradas. Estas cifras de bloco transformam um texto simples em texto cifrado através de uma aplicação repetida de uma transformação invertível conhecida como função de ronda, ou seja, **R.** Normalmente, a função de ronda **R** recebe diferentes chaves de ronda, também conhecidas como subchaves, ou seja, K_i, como segunda entrada. Estas chaves de ronda são derivadas da chave original. Podemos representar uma função de ronda da seguinte forma

$$M_i = R_F(K_i, M_{i-1}): \{0, 1\}^k \times \{0, 1\}^n \rightarrow \{0, 1\}^n$$

Em que $1 < i < r + 1$, $P = M_0$, $C = M_r$ e **r** é o número de rondas.

Normalmente, para além da função de arredondamento, também é utilizado um procedimento de branqueamento de chaves uma ou duas vezes. Antes de aplicar a função de arredondamento e/ou no final, os dados são modificados com subchaves adicionais utilizando um operador como o XOR. Podemos expressar este procedimento nas seguintes equações

$$M_0 = M \oplus K_0$$
$$M_i = R_F(K_i, M_{i-1})$$
$$C = M_r \oplus K_{r+1}$$

Dado um dos esquemas padrão de desenho de cifras de bloco iteradas, é bastante fácil construir uma cifra de bloco que seja criptograficamente segura, simplesmente usando um grande número de rondas. No entanto, isso tornará a cifra ineficiente. Assim, a eficiência é o critério de conceção adicional mais importante para as cifras profissionais. Além disso, uma boa cifra de bloco é concebida para evitar ataques de canal lateral, tais como acessos à memória dependentes da entrada que possam vazar dados secretos através do estado da cache ou do tempo de execução. Além disso, a cifra deve ser concisa, para pequenas implementações de hardware e software. Por último, a cifra deve ser facilmente analisável em termos criptográficos, de modo a que se possa demonstrar a quantas rondas a cifra tem de ser reduzida para que os ataques criptográficos existentes funcionem e, inversamente, que o número de rondas efectivas é suficientemente grande para proteger contra eles

Alguns tipos/estruturas importantes de cifras de bloco iteradas são os seguintes

1.2.1.1.   Cifras de rede de permutação de substituição

A rede de permutação de substituição (SPN) é um dos tipos mais importantes de cifra de bloco iterada. Uma cifra SPN recebe o texto simples e a chave como entradas e aplica várias rondas alternadas. Cada ronda consiste em duas subfunções principais, uma não linear designada por substituição e outra linear designada por permutação. A camada de substituição não linear mistura os bits da chave com os do texto simples, criando a confusão de Shannon, seguida da camada de permutação linear que dissipa as redundâncias para criar a difusão.

Uma camada de substituição é normalmente constituída por uma caixa de substituição (por exemplo, caixa S) que substitui um pequeno bloco de bits de entrada por outro bloco de bits de saída. Esta substituição deve ser de um para um, para garantir a função inversa para a descodificação. Uma S-box segura terá a propriedade de que a alteração de um bit de entrada alterará, em média, cerca de metade dos bits de saída, exibindo o que é conhecido como efeito de avalanche - ou seja, tem a propriedade de que cada bit de saída dependerá de todos os bits de entrada. Para uma cifra segura, uma S-Box deve satisfazer uma elevada não-linearidade, um elevado grau algébrico, um MDP e um MLP óptimos.

Uma caixa de permutação (ou caixa P) é uma permutação de todos os bits de um bloco. Pega nas saídas de todas as caixas S de uma ronda, permuta os bits e coloca-os nas caixas S da ronda seguinte. Uma boa P-box tem a propriedade de os bits de saída de qualquer S-box serem distribuídos pelo maior número possível de entradas de S-box.

Em cada ronda, a chave da ronda é combinada utilizando uma operação de grupo como o XOR.

A decifração é o algoritmo inverso da criptografia, que é feita simplesmente invertendo as subfunções Substituição e Permutação e aplicando-as na ordem inversa.

A SPN é uma estrutura bem conhecida e bem concebida.

Qualquer cifra baseada na estrutura SPN é facilmente analisável em termos de força de segurança. As subfunções, substituições e permutações concebidas de forma segura facilitam a construção de uma cifra globalmente segura. O AES é um bom exemplo de cifra SPN. O AES utiliza uma S-Box com boas propriedades óptimas e a camada de permutação consiste numa matriz MDS juntamente com bytes de deslocamento.

Uma estrutura genérica de SPN é apresentada na figura 1.

1.2.1.2. Cifras de Feistel

Numa cifra Feistel, o bloco de texto simples a ser cifrado é dividido em duas metades iguais. A função de arredondamento é aplicada a uma metade, utilizando uma subchave, e depois o resultado é XORed com a outra metade. As duas metades são então trocadas. A função de arredondamento é muito importante nesta estrutura. Esta função não é necessariamente reversível.

A função de ronda deve ser cuidadosamente concebida para cumprir os requisitos de segurança da cifra. Nesta estrutura, a função de cifragem e de decifragem é a mesma. A desencriptação obtém-se simplesmente invertendo a ordem das subchaves. O DES é um bom exemplo da estrutura de Feistel. A estrutura básica de Feistel é mostrada na

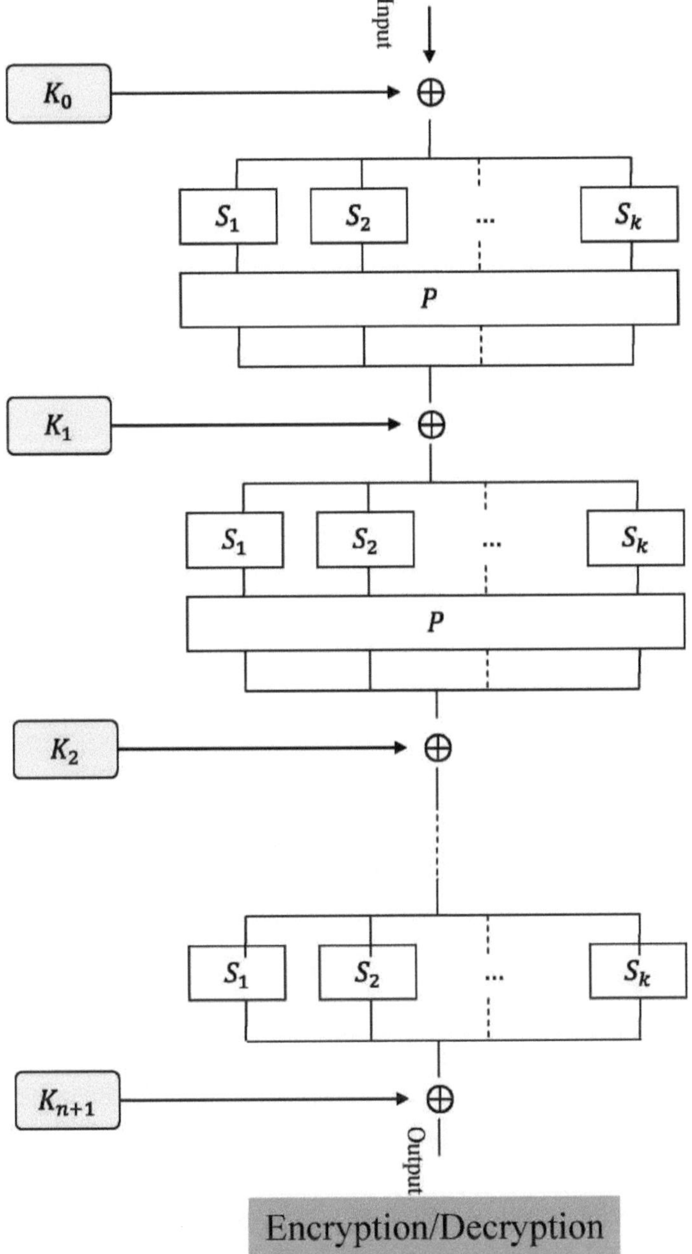

Figura 1: Estrutura básica da cifra SPN

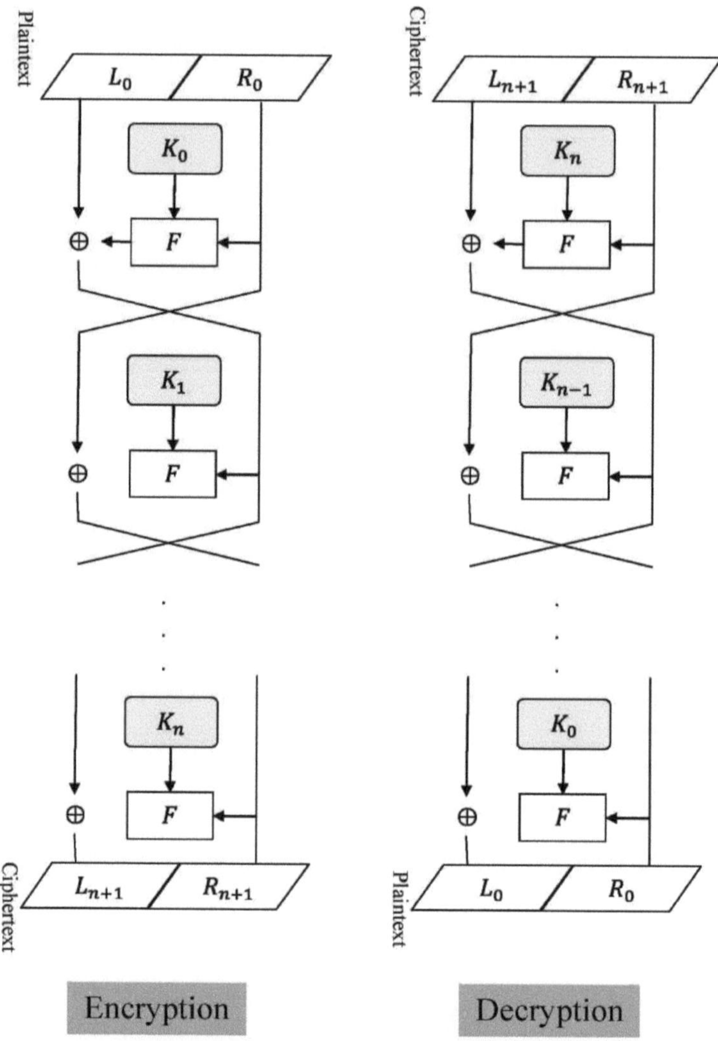

Figura 2: Estrutura básica da cifra de Feistel

1.2.1.3. Cifras Lai-Massey

A estrutura de Lai-Massey tem algumas semelhanças com as da estrutura de Feistel. Na função redonda existem duas subfunções, uma das quais deve ser inversível enquanto a outra pode não ter necessariamente inversa. Outra semelhança é o facto de também dividir o bloco de entrada em duas partes iguais. No entanto, a função de arredondamento não reversível é aplicada à diferença de entrada dos dois meios blocos e o resultado é depois adicionado aos dois meios blocos.

O algoritmo de desencriptação não é exatamente igual às funções de encriptação como no caso da estrutura de Feistel.

A cifra de bloco IDEA é um bom exemplo desta estrutura. A figura 3 apresenta uma estrutura genérica de Lai Massey.

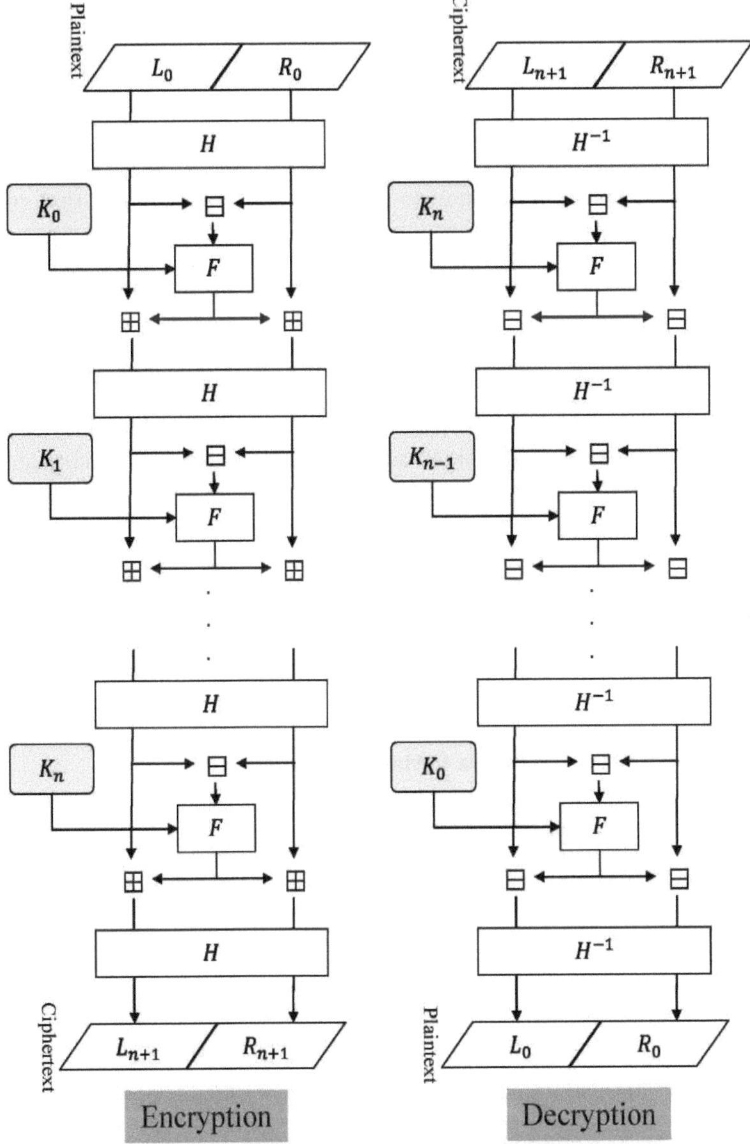

Figura 3: Estrutura básica da cifra Lai Massey

1.3. Matriz MDS

A matriz MDS tem um papel importante na conceção da cifra AES e é o componente mais caro da cifra. É também utilizada como uma primitiva de difusão perfeita nalgumas outras cifras de bloco como Twofish, KHAZAD e Anubis.

Matematicamente, uma matriz $m \times n$ M sobre um campo finito F é uma matriz MDS se for a matriz de transformação de uma transformação linear $f(x) = Mx$ de F_n para F_m tal que não haja duas $(m + n)$ - *tuplas* diferentes da forma $(x, f(x))$ que coincidam em n ou mais componentes.

Seja $M' = Id_n/M$ a matriz obtida juntando a matriz identidade Id_n a M. Uma condição necessária e suficiente para que uma matriz M seja *MDS* é que toda a submatriz $n \times n$ possível obtida removendo m linhas de M' seja não-singular. Isto também é equivalente ao seguinte: todos os subdeterminantes da matriz M são não nulos.

Existem diferentes formas de construir uma matriz MDS. Também é possível gerá-la aleatoriamente. Os códigos Reed-Solomon têm a propriedade MDS e são frequentemente utilizados para obter as matrizes MDS utilizadas nos algoritmos criptográficos.

A matriz MDS utilizada no algoritmo AES é apresentada na figura 4, onde os valores estão em formato hexadecimal.

$$\begin{bmatrix} 02 & 03 & 01 & 01 \\ 01 & 02 & 03 & 01 \\ 01 & 01 & 02 & 03 \\ 03 & 01 & 01 & 02 \end{bmatrix}$$

Figura 4: Matriz AES MDS

1.4. Técnicas modernas de criptanálise

1.4.1. Criptoanálise Diferencial e Linear

A criptanálise diferencial é um ataque de texto simples escolhido e explora a elevada probabilidade de certas ocorrências de diferenças de texto simples, ΔX e diferenças ΔY, na última ronda da cifra, em que a noção de diferença pode ser adaptada à cifra atacada. No caso do AES, seriam as diferenças XOR. Por exemplo, considere-se um sistema com entrada $X = [X_1 X_2 \ldots X_n]$ e saída $X = [Y_1 Y_2 \ldots Y_n]$ de **n - bits.** Suponha duas entradas X' e X" com diferença de entrada $\Delta X = X' \oplus X''$ assim

$$\Delta X = [\Delta X_1 \; \Delta X_2 \; ... \; \Delta X_n]$$

Em que $\Delta X_i = X_i' \oplus X_i''$ e X_i', X_i'' são os bits i^{th} de X', X'' respetivamente

Da mesma forma, suponhamos que Y' e Y'' são as saídas correspondentes de X' e X'' e que $\Delta Y = Y' \oplus Y''$ é a diferença de saída, então

$$\Delta Y = [\Delta Y_1 \; \Delta Y_2 \; ... \; \Delta Y_n]$$

Em que $\Delta Y_i = Y_i' \oplus Y_i''$ e Y_i', Y_i'' são os bits i^{th} de Y', Y", respetivamente

Se a cifra for simplesmente redomizadora, a probabilidade de ocorrer uma determinada diferença de saída Δ Y dada uma determinada diferença de entrada Δ X é $1/2^n$, sendo n o comprimento de bits de X. A criptanálise diferencial procura explorar um cenário em que ocorre uma determinada Δ Y dada uma determinada diferença de entrada Δ X com uma probabilidade p muito superior a $1/2^n$. O par (, Δ X Δ Y) é conhecido como diferencial.

1.4.2. Criptoanálise linear

A criptanálise linear é um ataque de texto conhecido que explora grandes correlações entre combinações lineares de bits na entrada da última ronda com a qual uma paridade no texto simples.

A ideia básica é estimar a operação de uma parte da cifra com uma expressão que seja linear, onde a linearidade se refere à operação XOR. Tal expressão é da forma

$$X_{i_1} \oplus X_{i_2} \oplus ... \oplus X_{i_u} \oplus Y_{j_1} \oplus Y_{j_2} \oplus ... \oplus Y_{j_v} = 0$$

Onde u e v são o número de bits de entrada e de saída, respetivamente

A abordagem na criptoanálise linear consiste em determinar expressões da forma acima que têm uma probabilidade de ocorrência alta ou baixa. (Nenhuma linearidade óbvia como a acima deve ser mantida para todos os valores de entrada e saída ou a cifra seria trivialmente fraca). Se uma cifra apresentar uma tendência para a equação acima se manter com alta probabilidade ou não se manter com alta probabilidade, isso é uma prova da fraca capacidade de aleatorização da cifra. Considere-se que se seleccionássemos aleatoriamente valores para os bits u + v e os colocássemos na equação acima, a probabilidade de a expressão se manter seria exatamente 1/2. É o desvio ou viés da probabilidade de 1/2 de uma expressão se manter que é explorado na criptanálise linear: quanto mais longe uma expressão linear estiver de se manter com uma probabilidade de 1/2, melhor o criptanalista é capaz de aplicar a criptanálise linear. No resto do documento, referimo-nos à quantidade pela qual a probabilidade de uma expressão linear se manter se desvia de $\frac{1}{2}$ como a tendência da probabilidade linear. Assim, se a expressão acima for válida com probabilidade P_L para textos simples escolhidos aleatoriamente e para os textos cifrados correspondentes, então o desvio da probabilidade é P_L - 1/2. Quanto maior for a magnitude da tendência da probabilidade, $|P_L$ - 1/2|, melhor será a aplicabilidade da criptanálise linear com menos textos simples conhecidos necessários para o ataque.

1.4.3. Criptoanálise algébrica

Na criptanálise algébrica, um atacante tira partido da natureza algébrica da cifra para extrair informações secretas. Normalmente, o ataque algébrico consiste em duas etapas, a etapa de recolha e a etapa de resolução.

Na etapa de recolha, são construídas equações algébricas adequadas para o par entrada/saída, que contêm parâmetros desconhecidos, por exemplo, bits de chaves de ronda.

Na etapa de resolução, estas equações são resolvidas com um método adequado para obter os valores das variáveis desconhecidas. O AES é muito algébrico por natureza e pode ser expresso com equações elegantes de várias formas. Algumas tentativas diferentes de criptanálise algébrica do AES são as seguintes

1. BES: Existem duas operações de campo diferentes no AES, um tipo de operações sobre GF(2^A 8) e outro tipo sobre GF(2). Estas duas operações de campo diferentes são um dos grandes obstáculos à criptanálise algébrica do AES. Murphy e Robshaw apresentaram uma ideia para construir uma cifra, chamada BES (Big Encryption System), que actua sobre um bloco de 128 bytes e uma chave de 128 bytes. Foi concebida de tal forma que algumas cifras do AES e do BES comutam com certos mapas naturais de 128 bits para 128 bytes.
2. Ataques de equação quadrática multivariada (MQ) ao AES sobre GF(2A8)
3. O AES pode ser expresso como uma sequência de fracções contínuas

1.4.4. Ataque quadrado

O ataque quadrado, também conhecido como ataque integral, tira partido da estrutura quadrada de uma cifra em que os bytes activos se propagam ao longo de algumas rondas.

Os ataques baseiam-se na seguinte propriedade da transformação MixColumn: se duas entradas desta transformação diferem num byte, então as saídas correspondentes diferem em todos os quatro bytes.

Podemos utilizá-la para encontrar uma propriedade do AES reduzida a 4 rondas: se dois textos simples diferem num byte, então antes da primeira MixColumn os dados diferem apenas num byte.

Depois da MixColumn, os dados diferem numa coluna inteira e, depois, antes da segunda MixColumn, os dados diferem num byte em cada coluna. Por conseguinte, após a segunda MixColumn, os dados diferem em todos os 16 bytes. Isto conduz às seguintes propriedades interessantes

O Square Attack explora a estrutura da cifra orientada para os bytes. Considere um conjunto de 256 plaintexts que são iguais em todos os bytes exceto num e neste assumem todos os valores possíveis (este byte é então chamado "byte ativo" e os outros são chamados "passivos").

Então, devido a esta propriedade, as entradas da terceira MixColumn assumem todos os 256 valores possíveis em cada byte. Assim, a soma XOR destes valores possíveis em cada byte é 0. Como a MixColumn é uma transformação linear, esta propriedade também se mantém após a MixColumn. Esta é a propriedade em que se baseia o Ataque Quadrado.

1.5. Norma de encriptação avançada

O Advanced Encryption Standard (AES) é uma cifra de bloco de 128 bits com uma chave secreta de k bits, em que k=128, 192 ou 256. A função de encriptação da cifra consiste em 10 rondas com uma chave de 128 bits, 12 rondas com uma chave de 192 bits e 14 rondas com uma chave de 256 bits. Utilizamos aqui as notações AES-128, AES-192 e AES-256 para designar estas três variantes, respetivamente. Por uma questão de simplicidade, descreveremos apenas o AES-128. Antes de entrar em pormenores sobre o algoritmo de encriptação, o leitor precisa de conhecer a seguinte matemática preliminar.

1.5.1. Preliminares matemáticos

Muitas operações utilizadas no AES são de nível byte (8 bits). No AES, os bytes são tratados de duas formas diferentes. Um byte é dado em termos de bits como $b_7b_6b_5b_4b_3b_2b_1b_0$ onde $b_i \in$ GF(2). Um byte é considerado como um elemento de GF(2^8) e também como um vetor $(b_7, b_6, b_5, b_4, b_3, b_2, b_1, b_0)$ de GF(2^8).

Consideremos o anel de polinómios GE(2)[X]. Podemos modificá-lo por qualquer polinómio para produzir um anel de factores. Se este polinómio for irredutível e de grau n, então o anel de factores resultante é isomorfo a GF(2^n). No AES, modificamos o polinómio irredutível $X^8 + X^4 + X^3 + X^1 + 1$, obtendo assim uma representação para GF(2^8). Um byte é então representado em GF(2^8) pelo polinómio $b_7X^7 + b_6X^6 + \cdots + b_0$.

No AES são efectuadas duas operações diferentes sobre GF(2) e GF(2^8), respetivamente. A primeira é a adição sobre o campo GF(2), que podemos considerar como uma operação XOR de bits. A segunda é a multiplicação sobre o campo $GF(2^8)$ com o polinómio irredutível $X^8 + X^4 + X^3 + X^1 + 1$ (0x283 em hexadecimal). A segunda operação é utilizada na MixColumn (multiplicação matricial MDS com elementos de estado).

Do ponto de vista da implementação, é possível construir tabelas de pesquisa para a multiplicação da matriz MDS, mas o leitor deve conhecer o método de multiplicação no campo de extensão finita.

1.5.1.1. Adição sobre *GF (2)*

Para quaisquer dois elementos de $GF(2)$, a adição pode ser feita adicionando os coeficientes das potências correspondentes nos polinómios módulo 2. A adição é efectuada com a operação XOR $\oplus$ de modo que $1 \oplus 1 = 0, 1 \oplus 0 = 0 \oplus 1 = 1$, e $0 \oplus 0 = 0$. Consequentemente, a subtração de polinómios em $GF(2)$ é idêntica à adição de polinómios.

Exemplo:

$$(X^6 + X^4 + X^2 + X + 1) + (X^7 + X^4 + X) = (X^7 + X^6 + X^2 + 1)$$

1.5.1.2. Multiplicação sobre GF(2)^8

Na representação polinomial, a multiplicação em GF(2^8) corresponde à multiplicação de polinómios módulo de um polinómio irredutível de grau 8. Um polinómio é irredutível se os seus únicos divisores forem um e ele próprio. Para o algoritmo AES, este polinómio irredutível, tal como descrito anteriormente, é

$$X^8 + X^4 + X^3 + X^1 + 1$$

Exemplo:

$$(X^6 + X^4 + X^2 + X + 1)\,(X^7 + X^4 + X)\%(X^8 + X^4 + X^3 + X^1 + 1)$$
$$= (X^{13} + X^{11} + X^9 + X^8 + X^7 + X^{10} + X^8 + X^6 + X^5 + X^4 + X^7 + X^5 + X^3 + X^2$$
$$+ X)\%(X^8 + X^4 + X^3 + X^1 + 1)$$
$$= (X^{13} + X^{11} + X^{10} + X^9 + X^6 + X^4 + X^3 + X^2 + X)\%(X^8 + X^4 + X^3 + X^1 + 1)$$
$$= X^7 + X^4 + X^3 + 1$$

1.5.2. Algoritmo de encriptação

As funções das rondas de encriptação do AES-128 são apresentadas na figura 5. O algoritmo de encriptação do AES-128 é composto por 10 rondas. As funções das primeiras 9 rondas são idênticas, enquanto a função da última ronda é ligeiramente diferente. Na última ronda, as operações MixColumn são excluídas para que a funcionalidade de desencriptação seja idêntica. Um pseudo-código C da função de ronda é dado como

```
Round(State, RoundKey)
{
    SubByte(State);
    ShiftRow(State);
    MixColumn(State);
    AddRoundKey(State, RoundKey);
}
```

A ronda final da cifra é ligeiramente diferente. É definida por:

```
FinalRound(State, RoundKey)
{
    SubByte(State) ;
    ShiftRow(State) ;
    AddRoundKey(State,RoundKey);
}
```

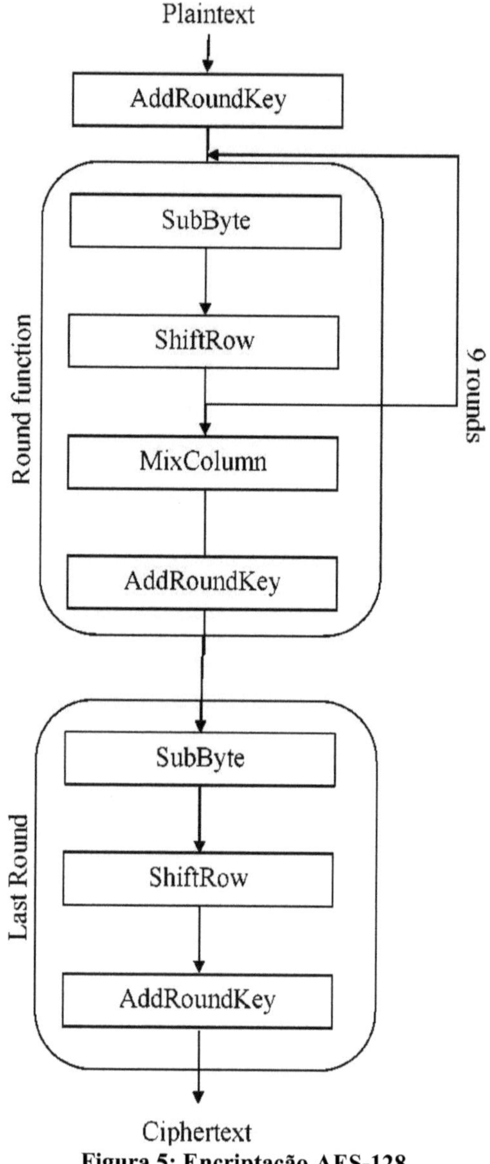

Figura 5: Encriptação AES-128

Internamente, as operações do algoritmo AES são realizadas numa matriz bidimensional de bytes chamada Estado. Para o AES-128, o Estado consiste em quatro linhas de bytes, cada uma contendo 4 bytes. Trata-se de uma matriz de bytes 4x4, como mostra a figura.

$S_{0,0}$	$S_{0,1}$	$S_{0,2}$	$S_{0,3}$
$S_{1,0}$	$S_{1,1}$	$S_{1,2}$	$S_{1,3}$
$S_{2,0}$	$S_{2,1}$	$S_{2,2}$	$S_{2,3}$
$S_{3,0}$	$S_{3,1}$	$S_{3,2}$	$S_{3,3}$

As funções de cada ronda são descritas do seguinte modo

1.5.2.1. Byte de substituição (SubByte)

Substituição de bytes utilizando a S-box 8x8. Trata-se de uma transformação não linear que actua em cada um dos bytes de estado de forma independente. A figura ilustra o efeito da transformação SubByte no estado.

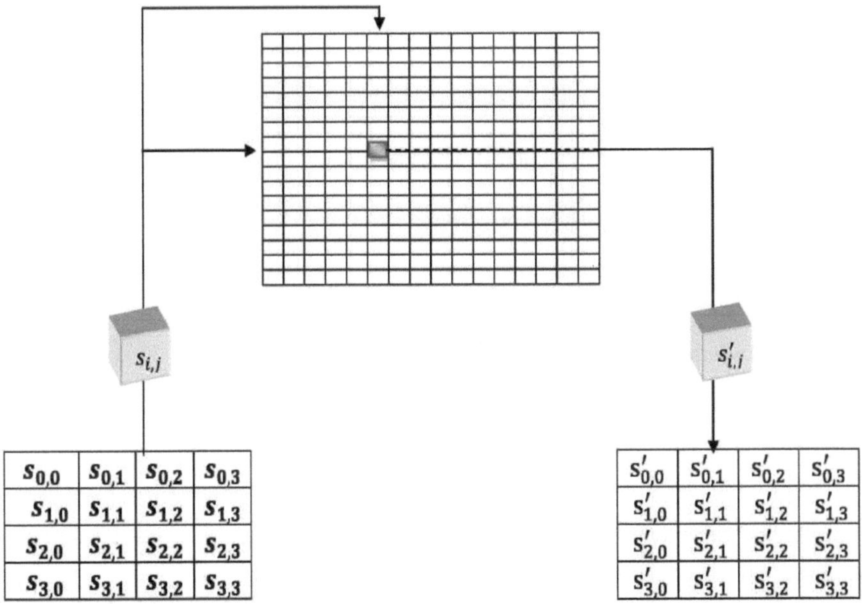

Figura 6: Transformação de subbytes

Exemplo de subbyte

A S-box utilizada na transformação SubByte é apresentada em formato hexadecimal na Tabela 1.

	0	1	2	3	4	5	6	7	8	9	a	b	c	d	e	f
0	63	7c	77	7b	f2	6b	6f	c5	30	01	67	2b	fe	d7	ab	76
1	ca	82	c9	7d	fa	59	47	f0	ad	d4	a2	af	9c	a4	72	c0
2	b7	fd	93	26	36	3f	f7	cc	34	a5	e5	f1	71	d8	31	15
3	04	c7	23	c3	18	96	05	9a	07	12	80	e2	eb	27	b2	75
4	09	83	2c	1a	1b	6e	5a	a0	52	3b	d6	b3	29	e3	2f	84
5	53	d1	00	ed	20	fc	b1	5b	6a	cb	be	39	4a	4c	58	cf
6	d0	ef	aa	fb	43	4d	33	85	45	f9	02	7f	50	3c	9f	a8
7	51	a3	40	8f	92	9d	38	f5	bc	b6	da	21	10	ff	f3	d2
8	cd	0c	13	ec	5f	97	44	17	c4	a7	7e	3d	64	5d	19	73
9	60	81	4f	dc	22	2a	90	88	46	ee	b8	14	de	5e	0b	db
a	e0	32	3a	0a	49	06	24	5c	c2	d3	ac	62	91	95	e4	79
b	e7	c8	37	6d	8d	d5	4e	a9	6c	56	f4	ea	65	7a	ae	08
c	ba	78	25	2e	1c	a6	b4	c6	e8	dd	74	1f	4b	bd	8b	8a
d	70	3e	b5	66	48	03	f6	0e	61	35	57	b9	86	c1	1d	9e
e	e1	f8	98	11	69	d9	8e	94	9b	1e	87	e9	ce	55	28	df
f	8c	a1	89	0d	bf	e6	42	68	41	99	2d	0f	b0	54	bb	16

Quadro 1: AES S-Box

1.5.2.2. Deslocar linha (ShiftRow)

Na operação Shift Row, cada linha da matriz de estado tem um número diferente de bytes deslocados para a esquerda, como se segue.

A linha 0 permanece inalterada.

A linha 1 tem um deslocamento cíclico de 1 byte para a esquerda.

A linha 2 tem um deslocamento cíclico de 2 bytes para a esquerda.

A linha 3 tem um deslocamento cíclico de 3 bytes para a esquerda.

A figura seguinte mostra a posição de byte do estado antes e depois da operação Shift Row.

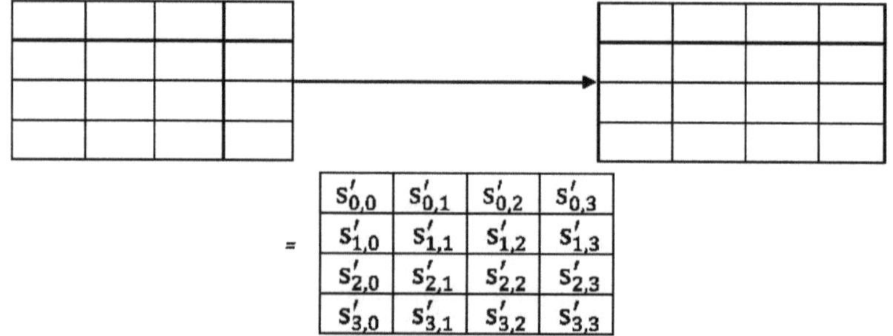

$$= \begin{bmatrix} s'_{0,0} & s'_{0,1} & s'_{0,2} & s'_{0,3} \\ s'_{1,0} & s'_{1,1} & s'_{1,2} & s'_{1,3} \\ s'_{2,0} & s'_{2,1} & s'_{2,2} & s'_{2,3} \\ s'_{3,0} & s'_{3,1} & s'_{3,2} & s'_{3,3} \end{bmatrix}$$

Exemplo

d4	e0	b8	1e
27	Bf	b4	41
11	98	5d	52
ae	f1	e5	30

d4	e0	b8	1e
bf	b4	41	27
5d	52	11	98
30	ae	f1	e5

1.5.2.3. Transformação de colunas de mistura (MixCol)

Na transformação de coluna mista, uma matriz MDS é multiplicada à esquerda para a matriz de estado, como se mostra na figura . Os elementos das matrizes são multiplicados utilizando a multiplicação de campo finito de GF(2^8) com o polinómio irredutível 0x283. A ronda final de cada AES-128 não inclui esta transformação.

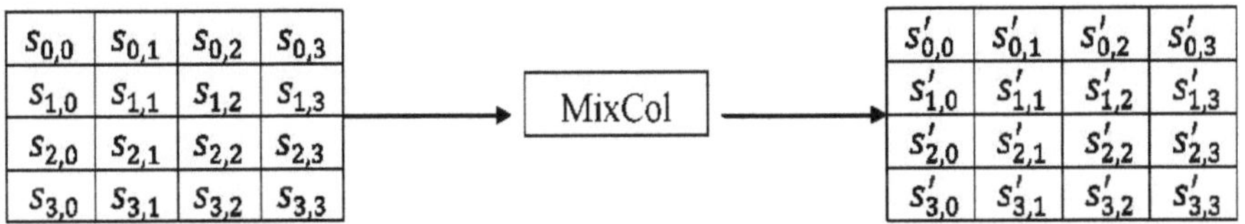

A transformação acima é efectuada do seguinte modo: a matriz MDS é multiplicada por cada coluna da matriz de estado

$$
\begin{bmatrix} 02 & 03 & 01 & 01 \\ 01 & 02 & 03 & 01 \\ 01 & 01 & 02 & 03 \\ 03 & 01 & 01 & 02 \end{bmatrix}
\begin{bmatrix} s_{0,0} \\ s_{1,0} \\ s_{2,0} \\ s_{3,0} \end{bmatrix}
=
\begin{bmatrix}
02.s_{0,0} \oplus 03.s_{1,0} \oplus 01.s_{2,0} \oplus 01.s_{3,0} \\
01.s_{0,0} \oplus 02.s_{1,0} \oplus 03.s_{2,0} \oplus 01.s_{3,0} \\
01.s_{0,0} \oplus 01.s_{1,0} \oplus 02.s_{2,0} \oplus 03.s_{3,0} \\
03.s_{0,0} \oplus 01.s_{1,0} \oplus 01.s_{2,0} \oplus 02.s_{3,0}
\end{bmatrix}
=
\begin{bmatrix} s'_{0,0} \\ s'_{1,0} \\ s'_{2,0} \\ s'_{3,0} \end{bmatrix}
$$

$$
\begin{bmatrix} 02 & 03 & 01 & 01 \\ 01 & 02 & 03 & 01 \\ 01 & 01 & 02 & 03 \\ 03 & 01 & 01 & 02 \end{bmatrix}
\begin{bmatrix} s_{0,1} \\ s_{1,1} \\ s_{2,1} \\ s_{3,1} \end{bmatrix}
=
\begin{bmatrix}
02.s_{0,1} \oplus 03.s_{1,1} \oplus 01.s_{2,1} \oplus 01.s_{3,1} \\
01.s_{0,1} \oplus 02.s_{1,1} \oplus 03.s_{2,1} \oplus 01.s_{3,1} \\
01.s_{0,1} \oplus 01.s_{1,1} \oplus 02.s_{2,1} \oplus 03.s_{3,1} \\
03.s_{0,1} \oplus 01.s_{1,1} \oplus 01.s_{2,1} \oplus 02.s_{3,1}
\end{bmatrix}
=
\begin{bmatrix} s'_{0,1} \\ s'_{1,1} \\ s'_{2,1} \\ s'_{3,1} \end{bmatrix}
$$

$$
\begin{bmatrix} 02 & 03 & 01 & 01 \\ 01 & 02 & 03 & 01 \\ 01 & 01 & 02 & 03 \\ 03 & 01 & 01 & 02 \end{bmatrix}
\begin{bmatrix} s_{0,2} \\ s_{1,2} \\ s_{2,2} \\ s_{3,2} \end{bmatrix}
=
\begin{bmatrix}
02.s_{0,2} \oplus 03.s_{1,2} \oplus 01.s_{2,2} \oplus 01.s_{3,2} \\
01.s_{0,2} \oplus 02.s_{1,2} \oplus 03.s_{2,2} \oplus 01.s_{3,2} \\
01.s_{0,2} \oplus 01.s_{1,2} \oplus 02.s_{2,2} \oplus 03.s_{3,2} \\
03.s_{0,2} \oplus 01.s_{1,2} \oplus 01.s_{2,2} \oplus 02.s_{3,2}
\end{bmatrix}
=
\begin{bmatrix} s'_{0,2} \\ s'_{1,2} \\ s'_{2,2} \\ s'_{3,2} \end{bmatrix}
$$

$$
\begin{bmatrix} 02 & 03 & 01 & 01 \\ 01 & 02 & 03 & 01 \\ 01 & 01 & 02 & 03 \\ 03 & 01 & 01 & 02 \end{bmatrix}
\begin{bmatrix} s_{0,3} \\ s_{1,3} \\ s_{2,3} \\ s_{3,3} \end{bmatrix}
=
\begin{bmatrix}
02.s_{0,3} \oplus 03.s_{1,3} \oplus 01.s_{2,3} \oplus 01.s_{3,3} \\
01.s_{0,3} \oplus 02.s_{1,3} \oplus 03.s_{2,3} \oplus 01.s_{3,3} \\
01.s_{0,3} \oplus 01.s_{1,3} \oplus 02.s_{2,3} \oplus 03.s_{3,3} \\
03.s_{0,3} \oplus 01.s_{1,3} \oplus 01.s_{2,3} \oplus 02.s_{3,3}
\end{bmatrix}
=
\begin{bmatrix} s'_{0,3} \\ s'_{1,3} \\ s'_{2,3} \\ s'_{3,3} \end{bmatrix}
$$

Exemplo

1.5.2.4. Adicionar chave redonda (AddRoundKey)

Em Adicionar chave de ronda, operação XOR do byte de estado com a subchave de ronda.

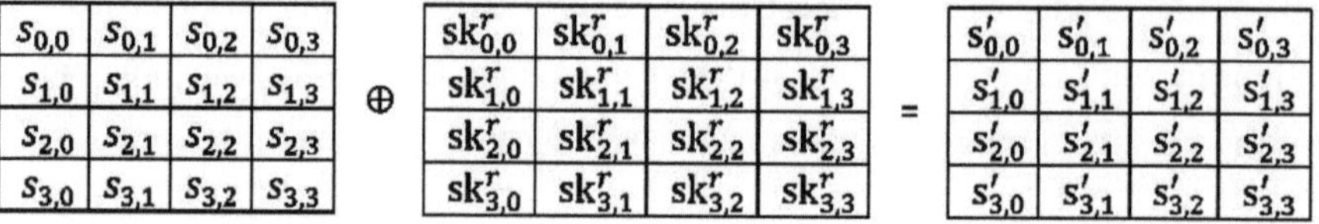

A chave secreta do AES é passada através de uma programação de chaves para gerar $n_r + 1$ rondas de subchaves a utilizar em cada ronda, em que n_r é o número de rondas. Para o AES-128, seria 11.

Exemplo

04	e0	48	28
66	cb	f8	06
81	19	d3	26
e5	9a	7a	4c

$\oplus$

a0	88	23	2a
fa	54	a3	6c
fe	2c	39	76
17	b1	39	05

$=$

a4	68	6b	02
9c	9f	5b	6a
7f	35	ea	50
f2	2b	43	49

2. Introdução

A cifra de bloco Rijndael foi concebida por Daemen e Rijmen e normalizada pelo NIST em 2000 como Advanced Encryption Standard (AES). A AES segue a estratégia de conceção de "trilho largo" [22, 23] e foi inicialmente proposta principalmente devido à sua resistência a poderosas técnicas de criptanálise, nomeadamente a criptanálise diferencial e a criptanálise linear. A segurança do Rijndael tem sido objeto de conferências [4, 5, 6 e 16] desde a sua aceitação como AES. Em [26], Ferguson, Shroeppel e Whiting derivam uma fórmula fechada para o AES que pode ser vista como uma generalização das fracções contínuas. Em [15], Courtois e Pieprzyck observam que a S-box utilizada na AES pode ser descrita por uma série de equações Booleanas quadráticas implícitas. Em [27], Murphy e Robshaw definem a cifra de bloco BES e mostram que a AES pode ser integrada na BES, que opera em blocos de dados de 128 bytes em vez de bits. De acordo com Murphy e Robshaw, a estrutura algébrica da BES é ainda mais elegante e simples do que a da AES. Em [25], Barkan e Biham introduzem o conceito de cifras duplas, que é basicamente uma generalização da técnica de incorporação.

Recentemente, registaram-se muitos desenvolvimentos significativos na criptanálise do AES. Em [12], os autores descrevem um ataque de chave relacionada ao AES-256 com complexidade 2^{119}. Este é o seguimento de um ataque [9] descoberto em 2009 por Biryukov, Khovratovich e Nikolic, com uma complexidade de 2^{96} para uma em cada 2 chaves[35]. Em [13], é apresentado um novo ataque contra o AES-256 que utiliza apenas duas chaves relacionadas e 2^{39} tempo para recuperar a chave completa de 256 bits de uma versão de 9 rondas, ou 2^{45} tempo para uma versão de 10 rondas com um tipo mais forte de ataque de subchaves relacionadas, ou 2^{70} tempo para uma versão de 11 rondas. O AES de 256 bits utiliza 14 rondas. Em [14], Henri e Thomas atacam o AES-128 utilizando um ataque de distinção de chaves conhecidas com uma complexidade de computação de 2^{48} e uma complexidade de memória de 2^{32}.

No AES, a transformação de coluna mista é a operação mais dispendiosa, em que a matriz de entrada é multiplicada (sobre $GF(2^8)$) pela matriz MDS. Esta transformação desempenha um papel importante no que diz respeito à estratégia de rasto alargado da cifra. É um componente vital da parte difusora da cifra. Garante igualmente um elevado número de S-boxes activas numa ronda. A medida quantitativa desta transformação é o número de ramos da matriz MDS utilizada. O número de ramos da matriz MDS 4 por 4 é 5 (ótimo), tal como o número de ramos da matriz MDS AES. Esta propriedade garante que uma aproximação linear ou um diferencial de uma ronda envolve sempre pelo menos cinco ramos activos

S-boxes utilizando qualquer matriz MDS 4x4 na transformação Coluna Mix. Em [7], Murtaza e Nassar mostram que a multiplicação escalar de uma matriz MDS resulta numa matriz MDS. A consequência leva à ideia de introduzir uma matriz MDS dinâmica no AES, tendo em vista o reforço da segurança e a eficiência inalterada (pelo menos suficientemente próxima) do algoritmo.

O Grand Cru, um algoritmo de cifra candidato do projeto NESSIE, baseia-se no AES-128 e na estratégia de segurança em várias camadas. Esta tática visa combinar diferentes motivações de segurança e, por conseguinte, é uma prática útil para melhorar a segurança dos algoritmos criptográficos existentes amplamente utilizados contra as técnicas criptanalíticas modernas conhecidas. Constitui também uma forma nobre de utilizar chaves longas em algoritmos existentes sem redesenhar a programação das chaves e, possivelmente, os algoritmos de cifragem. Esta ideia parece nobre até que a cifra proposta seja suficientemente eficiente em comparação com a original. Embora o algoritmo proposto não tenha sido selecionado para a segunda fase do projeto NESSIE devido ao custo da velocidade, não foi encontrado qualquer ponto fraco no próprio algoritmo.

Para obter um rendimento inalterado com a modificação pretendida, utilizamos duas plataformas de implementação diferentes, TI DM6443 e Xilinx Spartan 3.

Os dispositivos modernos ligados em rede requerem diversos multiprocessadores, o que lhes permite serem utilizados em aplicações multimédia e de uso geral. O TMS320DM6443 é uma das tecnologias TI DaVinci que abrange todas as aplicações em rede da nova época. Possui um núcleo DSP TMS320C64x+ dual-core e um núcleo ARM926EJ-S. A arquitetura VLIW (Very-long instruction-word) com uma frequência de relógio de 594MHz do núcleo C64x+ permite ao programador responder a todos os desafios de programação DSP de elevado desempenho [29]. A multiplicação do campo de Galois é uma das 17 novas instruções para a unidade M do C64x+ e é referida como GMPY4 no seu conjunto de instruções. Este processador pode efetuar quatro operações paralelas em dados empacotados de 8 bits. A instrução GMPY4 funciona no campo de Galois $GF(2^n)$, onde n pode variar entre 1 e 8, utilizando qualquer polinómio gerador. O registo da função geradora de polinómios do campo de Galois controla o tamanho do campo e o gerador de polinómios [30].

O Field Programmable Gate Array (FPGA) é considerado o substituto do ASIC. O Circuito Integrado Específico de Aplicação (ASIC) é considerado pouco dispendioso, mas só é válido para a produção em massa, pelo que a FPGA é adequada para a maioria das aplicações. Outra vantagem dos FPGA é a disponibilidade de diferentes núcleos de IP rígidos em quase todos os FPGA modernos. Estes núcleos IP são úteis para aumentar o rendimento do algoritmo. Neste documento, utilizamos RAMs de bloco de porta dupla [31] para gerir o débito do AES.

CAPÍTULO 3

3. Transformação dinâmica de colunas mistas

3.1. Mecanismo

Propomos a substituição da transformação de coluna mista no AES por uma transformação de coluna mista dinâmica equivalente. Uma transformação dinâmica de colunas mistas inclui matrizes MDS dinâmicas que se baseiam na matriz MDS predefinida do AES e numa chave adicional de m bits. Aqui m é um comprimento variável que não excede o produto de 31,97 e menos um o número de rondas de encriptação. Este mecanismo aumenta a complexidade de um ataque de força bruta em m-bit em relação à chave original e obriga os atacantes a conceber novas estruturas para diferentes técnicas criptoanalíticas modernas aplicáveis à cifra. Apresentamos também uma implementação eficiente desta técnica no DSP C64x+ da Texas Instrument, sem custos adicionais em relação ao AES padrão, e na FPGA Xilinx Spartan3, sem alteração do débito do AES. Também analisamos brevemente a segurança alcançada com esta técnica.

3.2. Prova de conceção

Nesta secção, definimos um método para implementar a matriz MDS dinâmica na operação MixColumn do algoritmo de encriptação AES. A nova operação Mix-Column é designada por Operação Mix-Column Dinâmica. O Teorema 1 constitui a base da nossa conceção.

Teorema 1

Seja $A = [a_{i,j}]_{mxm}$, $a_{i,j} \in F_q$ uma matriz MDS, para um elemento $e \neq 0 \in F_q$, eA é uma matriz MDS [7].

Uma generalização do resultado acima é dada no teorema 2, para elementos $e_i \neq 0 \in F_q$, $i = 1,2,..., m$, multiplicando a i -ésima linha da matriz A onde e_k não é necessariamente o mesmo que e para qualquer $1 \leq k$, $1 \leq m$ é como segue.

Teorema 2

$$\text{Let } A = \begin{bmatrix} A_1 \\ \vdots \\ A_m \end{bmatrix}, A_i = [\; a_{I,1} \quad \cdots \quad a_{I,n}\;], \; a_{I,j} \in F_q$$

seja uma matriz MDS, e $E = = [\, e_I\,]$, i $1,2, ..., m$ então multiplicação escalar

$$EA = \begin{bmatrix} e_1A_1 \\ \vdots \\ e_mA_m \end{bmatrix}, \quad e_iA_i = [\, e_i\, a_{i,1} \quad \cdots \quad e_i\, a_{i,n}]$$

é um MDS Matriz.

O resultado seguinte prova que o novo método substitui a operação Mix-Column do AES.

Teorema 3

Seja $f: (A, P) \to P'$ definido por $P' = A \times P$ a operação de mistura de colunas no AES, em que A é a matriz MDS e P é o vetor de texto simples de entrada para a operação de mistura de colunas. É implementada utilizando duas tabelas de pesquisa de 8 bits ou uma operação equivalente. Em seguida, $f: e'A \times P \to P''$ onde ; $e'A = [e_1R_1 \quad e_2R_2 \quad e_3R_3 \quad e_4R_4]^T R_i = [a_{i,1} \quad a_{i,2} \quad a_{i,3} \quad a_{i,4}]$ $i = 1, ..., 4$ é uma operação de coluna mista que pode ser implementada utilizando seis tabelas de pesquisa de 8 bits em software.

Prova

A transformação AES Mix-Column baseia-se numa matriz MDS. Substituir a matriz MDS do AES por outra matriz MDS do mesmo tamanho não afecta as propriedades de difusão da cifra.

Para mostrar que a nova operação Mistura-Coluna é equivalente à operação Mistura-Coluna do AES, só precisamos de garantir que a nova matriz gerada é também uma matriz MDS. O Teorema 2 dá-nos essa garantia.

Para o número de tabelas ou operações de pesquisa necessárias, sabemos que a matriz MDS do AES é circulatória e tem dois elementos não idênticos. Na transformação AES Mix-Column, a matriz MDS é aplicada a uma entrada de 32 bits da seguinte forma

$$\begin{bmatrix} 02 & 03 & 01 & 01 \\ 01 & 02 & 03 & 01 \\ 01 & 01 & 02 & 03 \\ 03 & 01 & 01 & 02 \end{bmatrix} \begin{bmatrix} p_1 \\ p_2 \\ p_3 \\ p_4 \end{bmatrix} = \begin{bmatrix} 02.p_1 + 03.p_2 + 01.p_3 + 01.p_4 \\ 01.p_1 + 02.p_2 + 03.p_3 + 01.p_4 \\ 01.p_1 + 01.p_2 + 02.p_3 + 03.p_4 \\ 03.p_1 + 01.p_2 + 01.p_3 + 02.p_4 \end{bmatrix} = \begin{bmatrix} p_1' \\ p_2' \\ p_3' \\ p_4' \end{bmatrix} \quad (1)$$

A multiplicação acima, no caso da matriz MDS dinâmica, é dada como

$$\begin{bmatrix} e_1.02 & e_1.03 & e_1.01 & e_1.01 \\ e_2.01 & e_2.02 & e_2.03 & e_2.01 \\ e_3.01 & e_3.01 & e_3.02 & e_3.03 \\ e_4.03 & e_4.01 & e_4.01 & e_4.02 \end{bmatrix} \begin{bmatrix} p_1 \\ p_2 \\ p_3 \\ p_4 \end{bmatrix}$$

$$= \begin{bmatrix} e_1.02.p_1 + e_1.03.p_2 + e_1.01.p_3 + e_1.01.p_4 \\ e_2.01.p_1 + e_2.02.p_2 + e_2.03.p_3 + e_2.01.p_4 \\ e_3.01.p_1 + e_3.01.p_2 + e_3.02.p_3 + e_3.03.p_4 \\ e_4.03.p_1 + e_4.01.p_2 + e_4.01.p_3 + e_4.02.p_4 \end{bmatrix}$$

$$= \begin{bmatrix} e_1.(02.p_1 + 03.p_2 + 01.p_3 + 01.p_4) \\ e_2.(01.p_1 + 02.p_2 + 03.p_3 + 01.p_4) \\ e_3.(01.p_1 + 01.p_2 + 02.p_3 + 03.p_4) \\ e_4.(03.p_1 + 01.p_2 + 01.p_3 + 02.p_4) \end{bmatrix}$$

$$= \begin{bmatrix} e_1.p_1' \\ e_2.p_2' \\ e_3.p_3' \\ e_4.p_4' \end{bmatrix} \qquad (2)$$

As equações 1 e 2 mostram que precisamos apenas de 4 tabelas de pesquisa extra, digamos T_{e_i} para elementos e_i , $i = 1,2,3,4$ numa única ronda para implementar a nova matriz MDS dinâmica. No algoritmo de cifragem AES, existem 2 tabelas de pesquisa T_{02} e T_{03} , pelo que são necessárias 6 tabelas de pesquisa ou operações equivalentes para uma ronda de cifragem e $(n_r - 1) \times 4 + 2 - 2$ tabelas de pesquisa para a ronda de cifragem n_r , em que $n_r = 10,12$ ou 14 para AES-128, AES-192 ou AES-256, respetivamente.

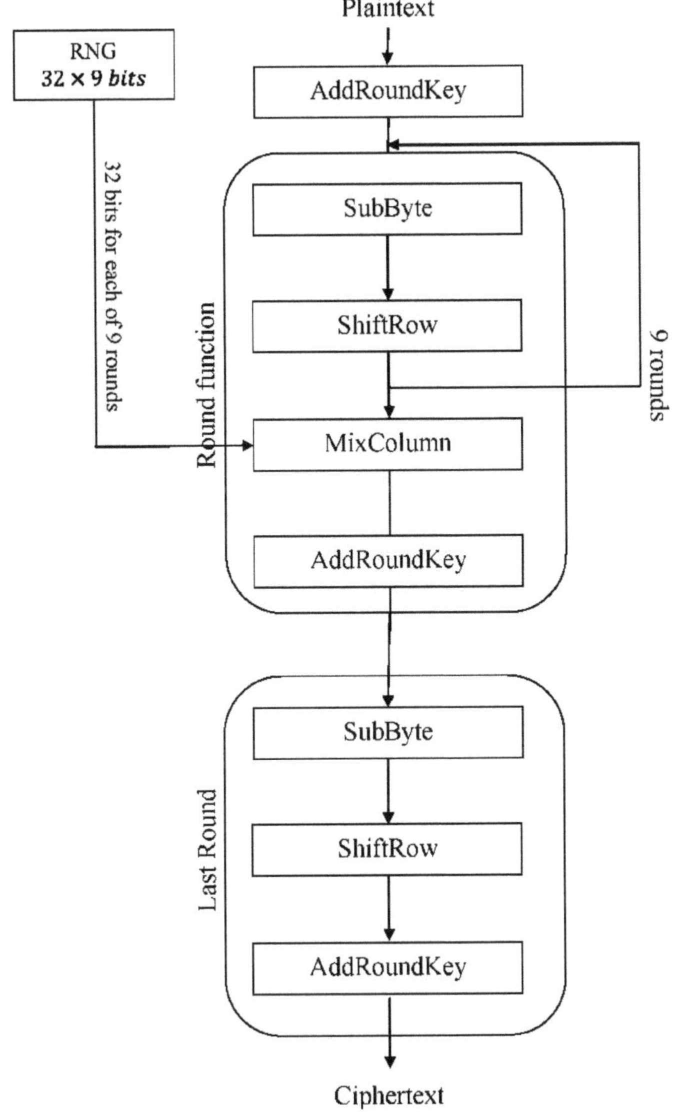

Figura 7: Encriptação AES-128 com DMCT

A Figura 7 mostra a estrutura do algoritmo AES-128 com transformação dinâmica de colunas de mistura. Geramos 32 x 9 bits aleatórios para o número aleatório de entrada de 32 bits a ser utilizado em cada ronda para a transformação dinâmica da coluna de mistura.

De forma semelhante, precisamos de 4 tabelas de pesquisa extra para o processo de desencriptação AES. O processo de inversão destas matrizes MDS é apresentado em [7].

4. Mecanismo para implementar a transformação dinâmica de colunas mistas

4.1. Mecanismo de implementação de software

Para este mecanismo, necessitamos de 36, 44 e 52 bytes aleatórios independentes não nulos para implementar a transformação dinâmica de colunas mistas no AES-128, AES-192 e AES-256, respetivamente. Estes bytes são obtidos através de uma função de chave arbitrária. Não apresentamos nenhum método específico, pois está fora do nosso âmbito. No entanto, é possível obter estes bytes aleatórios a partir de qualquer gerador seguro de bits aleatórios que utilize m-bits como chave ou conceber um algoritmo de expansão de chaves. Cada 4 bytes consecutivos são utilizados numa ronda do AES como 4 multiplicadores escalares para 4 linhas da matriz MDS, dando origem a uma nova matriz. Em software, este procedimento pode ser implementado de forma mais eficiente, como descrito no teorema 3.

4.2. Mecanismo de implementação de DSP

No DSP C64x+, o valor aleatório de 32 bits pode ser armazenado numa única variável. Durante o processo AES, podemos carregar este valor aleatório num registo de qualquer ficheiro e depois usar a instrução GMPY4.

4.3. Mecanismo de implementação FPGA

Para a implementação em FPGA, o nosso objetivo é manter o rendimento, uma vez que é necessário para um design de alta velocidade. De acordo com a regra de design da FPGA ou ASIC, é necessário focar a implementação na otimização da velocidade ou na otimização da área. A implementação apresentada neste documento centra-se no rendimento, pelo que a nossa implementação é optimizada em termos de velocidade.

CAPÍTULO 5

5. Análise de segurança

Nesta secção, consideramos dois aspectos principais da segurança. O primeiro é a variação das propriedades estatísticas do AES através da introdução do DMCT e o outro é o estado das diferentes técnicas criptoanalíticas modernas relativamente ao AES.

5.1. Variação das propriedades estatísticas da AES

Referência ao teorema 1; cada matriz recém-gerada é uma matriz MDS de tamanho 4x4 e, por conseguinte, tem o número de ramo 5. O papel da transformação da coluna mista é assegurar o número máximo de s-boxes activas e depende principalmente do número de ramos da matriz MDS. Além disso, ao alterar o coeficiente da matriz MDS, a cifra resultante é isomórfica [25] em relação à original, pelo que é óbvio que não há diferença nas propriedades estatísticas do AES ao introduzir a transformação dinâmica de colunas mistas.

5.2. Estado das técnicas modernas de criptanálise

Na criptologia contemporânea, foram desenvolvidos novos métodos para quebrar os algoritmos de cifra, pelo que qualquer algoritmo de cifra tem de revelar resistência contra estas técnicas de análise e ataques.

Na matriz MDS dinâmica, existem $(2^8 - 1)^4 \approx 2^{31.97}$ matrizes MDS possíveis em cada ronda. Assim, um número total de matrizes MDS promissoras para a cifragem de 9 rondas do AES-128 é $2^{31.97^9}$. Estas matrizes MDS baseiam-se em bits gerados por um gerador seguro de bits aleatórios utilizando um valor de chave de m bits, em que se propõe que o comprimento de m seja inferior a 31,97 x (número de rondas - 1). Chamamos a este valor uma chave adicional. Para as técnicas criptoanalíticas modernas, um atacante tem de encontrar também estas matrizes baseadas em chaves desconhecidas. Nas subsecções que se seguem, discutimos brevemente os diferentes cenários de ataque e a forma como as matrizes MDS dinâmicas reforçam a segurança do AES, embora a complexidade real seja objeto de estudo.

5.2.1. Criptoanálise Diferencial e Linear

A criptanálise diferencial [11] é um ataque ao texto escolhido e explora a elevada probabilidade de certas ocorrências de diferenças de texto simples, Ax e diferenças Ay, na última ronda da cifra, em que a noção de diferença pode ser adaptada para se adequar à cifra sob ataque. No caso do AES, trata-se de diferenças XOR. Por outro lado, a criptoanálise linear [10] é um ataque ao texto-plano conhecido que explora grandes correlações entre arities (combinações lineares de bits) na entrada da última ronda com a aparição de diferenças no texto-plano.

O rasto diferencial/linear em várias rondas é um requisito importante [2, 10, 11, 13] para o ataque diferencial/linear (e suas variantes). Na presença de matrizes MDS dinâmicas, as diferenças de saída dependem da chave adicional utilizada. Além disso, para quaisquer dois valores diferentes de chaves adicionais, teremos diferenças diferentes em várias rondas e, por conseguinte, diversas pistas diferenciais/lineares. Assim, é impossível para um atacante lançar as actuais técnicas de criptanálise diferencial/linear de ponta. São necessários novos quadros, para além do método nativo de criptanálise diferencial/linear, para incorporar permutações desconhecidas definidas pela transformação dinâmica de colunas de mistura.

Para ataques de chaves relacionadas [6, 12, 16, 17], um requisito adicional para lançar o respetivo ataque é o cálculo de MC ou MC-inv para uma determinada ronda, o que é inviável na presença de DMC.

5.2.2. Criptoanálise algébrica

Na criptanálise algébrica [15], um atacante tira partido da natureza algébrica da cifra para extrair informação secreta. Normalmente, o ataque algébrico consiste em duas etapas, a etapa de recolha e a etapa de resolução. Na etapa de recolha, são construídas equações algébricas adequadas para o par entrada/saída, que contêm parâmetros desconhecidos, por exemplo, bits de chave (chaves redondas). Na etapa de resolução, estas equações são resolvidas com um método adequado para obter os valores das variáveis desconhecidas. O AES é muito algébrico por natureza e pode ser expresso com equações elegantes de várias formas [24].

Agora podemos descrever o impacto da DM CT na cifra BES [27] como $= C_B^{(k)} \kappa_i^{(k)} \cdot C_B^{(k)}$; $k = 0, \ldots, 7$; $i = 0, \ldots, (nr - 1) \times 4$ onde $C_B^{(k)}$ é a equação definida após a MCT de uma ronda e κ é o multiplicador de linha desconhecido da matriz MDS para uma ronda. Esta inserção aumentará definitivamente a complexidade do sistema. Além disso, o sistema de equações quadráticas multivariadas derivado do BES (mais simples do que o derivado do AES [15]) torna-se complicado quando $+\omega_i = \kappa_{4i+l} M_B x_{i-1} K_i; i = 0, \ldots, 9; l = 0, \ldots, 3$. Para o caso da fração contínua discutido em [26], acrescentámos a complexidade de $C = \omega_{i,e,d}$ para $C = \kappa_i^r \omega_{i,e,d}$. Consultar [15, 26 e 27] para mais pormenores.

Para outras tentativas em que o atacante pode adquirir uma chave adicional utilizada para gerar o fluxo de chaves para a DMCT, tem de considerar este mecanismo de geração do fluxo de chaves como parte das equações construídas, o que resulta num aumento da complexidade das equações. Este reforço da segurança contra a criptanálise algébrica depende da estrutura algébrica do gerador do fluxo de chaves a partir da chave adicional. A utilização de outros operadores para além do XOR no gerador de fluxo de chaves aumenta ainda mais a complexidade das equações construídas da cifra.

5.2.3. Ataque quadrado

Square Attack [3], tira partido da estrutura quadrada de uma cifra em que os bytes activos se propagam ao longo de algumas rondas.

Uma vez que estamos apenas a substituir a matriz MDS de ronda em ronda, isto não tem qualquer efeito na estrutura de bytes activos/passivos do AES descrita pelo Square Attack. Assim, esta estrutura não tem qualquer efeito no ataque quadrado ingénuo ao AES de 4 rondas. No entanto, para ataques de quadratura melhorados [19, 28], uma vez que o inverso de MCT é necessário para efetuar o ataque, DMCT apresenta resistência, uma vez que depende da chave e para uma ronda existem 2^{3197} matrizes MDS possíveis. Intuitivamente, parece não haver método para apontar a matriz correta para essa ronda sem conhecer 32 bits de chave específicos.

6. Implementação de hardware

No hardware, implementámos o teorema acima tanto em DSP como em FPGA. Ambos têm as suas próprias vantagens em sistemas incorporados.

6.1. Implementação de DSP

Para DSP C64x+, a inicialização GFPGFR será efectuada em paralelo com a inicialização AES. Quando o Mix Colum está a ser processado, a instrução GMPY4 da nova matriz pode ser executada em paralelo.

A mistura de colunas no AES processa-se coluna a coluna. Em cada ronda, são efectuadas quatro operações de coluna e, em seguida, a adição da chave de ronda é o último passo de uma ronda.

Na nossa implementação, a primeira multiplicação do campo de Galois (GMPY4) será executada durante a operação da 2ª coluna e a 2ª GMPY4 com a operação da 3ª coluna e assim por diante.

O último GMPY4 será executado em paralelo com "Adicionar chave de ronda" de cada ronda. Isto indica que a encriptação AES-128 completa não utilizará nenhum ciclo adicional. Os valores aleatórios de DMCT em cada ronda não acrescentarão qualquer sobrecarga nas operações AES.

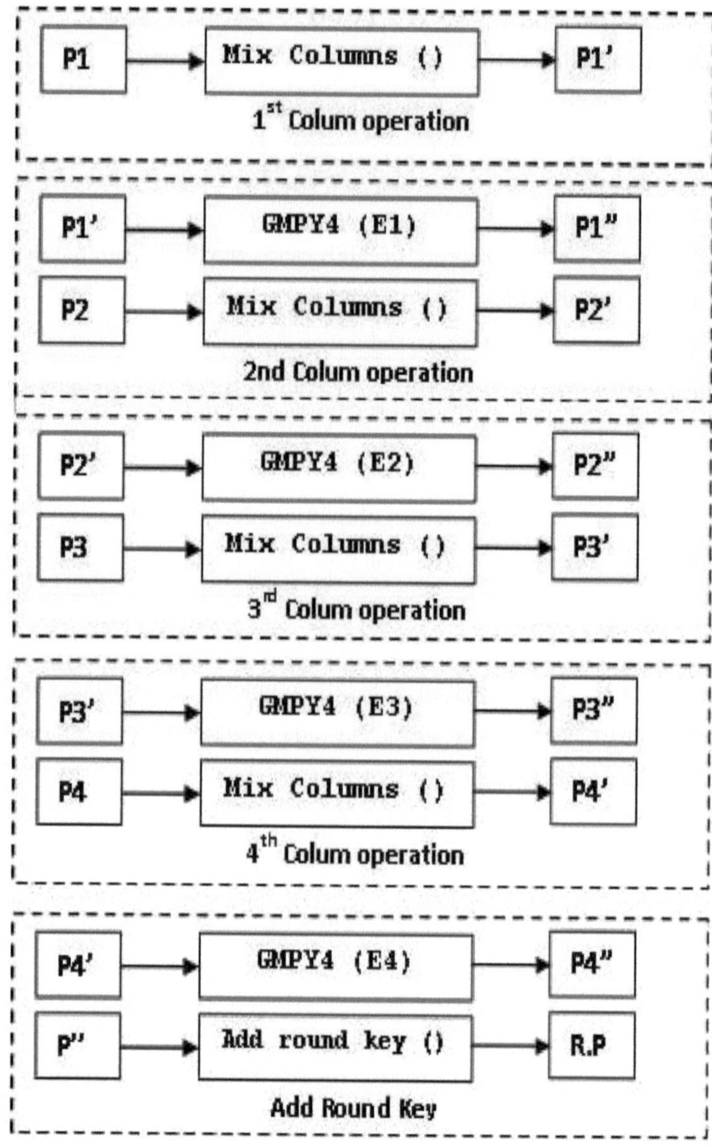

Figura 8: Operações de arredondamento em DSP

6.2. Implementação FPGA

Há duas partes na implementação do MDS dinâmico: uma é a geração de tabelas de pesquisa e a outra é a utilização de tabelas de pesquisa em cada ronda da implementação atual do AES. São necessárias trinta e seis tabelas de pesquisa para nove rondas do AES, quatro para cada ronda, como explicado nas secções anteriores. A geração da tabela de pesquisa começa em paralelo com a programação das chaves, para poupar tempo. Para armazenar a tabela de pesquisa, usamos RAMs de bloco de porta dupla. Trinta e seis tabelas de pesquisa podem ser armazenadas em oito RAM de bloco de porta dupla, mas não é viável utilizar oito RAM de bloco porque só podemos aceder a dois elementos de cada vez a partir de uma única RAM de bloco de porta dupla. O requisito é aceder a quatro tabelas de pesquisa de cada vez para manter a taxa de transferência. Por conseguinte, utilizamos dezasseis RAM de bloco de porta dupla. A Figura 2 é o diagrama de blocos da implementação da geração de matrizes MDS dinâmicas.

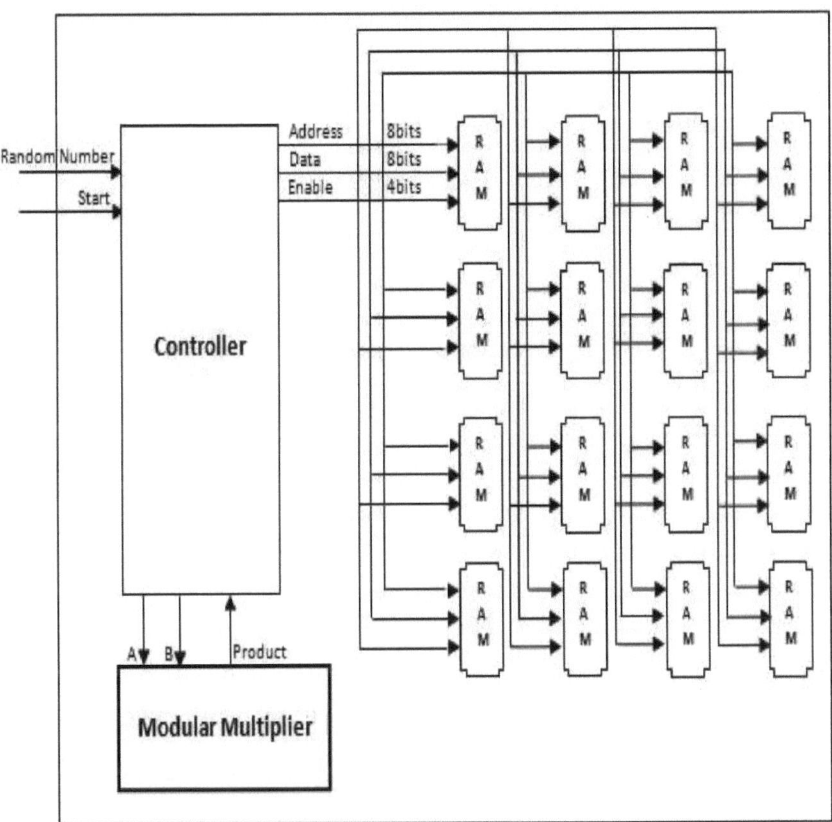

Figura 9: Diagrama de blocos do processo de geração dinâmica de MDS

A implementação básica do AES na FPGA demora 42 ciclos para gerar 128 bits de texto cifrado. Um ciclo para cada operação, ou seja, um ciclo para Sub Byte, um para Shift Row, um para Mix Column e um para Add Round Key. Numa FPGA Spartan 3 com 100

MHz, obtém-se uma taxa de transferência de 304 MHz. Embora este projeto possa funcionar a uma velocidade superior a 100 MHz, para simplificar o cálculo utilizamos 100 MHz para o cálculo da taxa de transferência.

Utilizamos a RAM de bloco de porta dupla para implementar a matriz MDS dinâmica durante o processo de encriptação. Como explicado anteriormente, utilizamos dezasseis blocos de RAM durante o processo de geração da MDS dinâmica para que quatro tabelas de pesquisa possam ser acedidas simultaneamente numa única ronda. Devido às tabelas de pesquisa redundantes, podemos executar a operação de coluna mista num único ciclo de relógio, pelo que não afectará o rendimento do AES.

CAPÍTULO 7

7. Resultados

Estes resultados baseiam-se na implementação normal do AES-128 no processador C6443 e no Spartan 3. Esta implementação normal também pode ter a mesma manifestação em termos de competência, quer considerando velocidades elevadas, quer considerando uma implementação de base de memória reduzida. A Tabela 1 e a Tabela 2 mostram que não há alteração na taxa de transferência do AES. No entanto, para manter a taxa de transferência, é necessária área e memória adicionais na FPGA. No caso do DSP, não há alteração na memória.

DSP(594MHz)	AES	AES with DMCT
Complete Encryption Cycles	2047	2047
Throughput (Mbps)	35.4	35.4
Extra Area/Block RAM	-	1(word)

Tabela 2: Resultados da implementação do DSP

FPGA(100MHz)	AES	AES with DMCT
Complete Encryption Cycles	42	42
Throughput (Mbps)	304	304
Extra Area/Block RAM	431/14	760/30

Tabela 3: Resultados da implementação em FPGA

CAPÍTULO 8

8. Conclusão

Introduzimos o DMCT na encriptação AES ingénua, utilizando matrizes MDS dinâmicas baseadas numa chave secreta adicional de m bits. Melhoramos o nível de segurança de m bits do AES por defeito no que respeita à pesquisa exaustiva de chaves. Discutimos brevemente a eficácia dos actuais métodos de criptanálise ingénuos e melhorados contra o AES através da introdução do DMCT e apresentamos o possível enriquecimento da segurança para diferentes métodos de ataque. Alcançamos também o mesmo nível de custo de processamento que o algoritmo de encriptação AES padrão utilizando os processadores actuais. A nossa implementação em hardware indica que o AES se torna mais seguro sem afetar o débito. Os nossos resultados mostram também que a segurança de camadas múltiplas continua a ser um candidato nobre para melhorar a segurança das cifras contra o desenvolvimento de técnicas de criptanálise e que esta área tem um grande potencial de investigação.

CAPÍTULO 9

9. Referências

1) Daemen, J., Rijmen, V.: Proposta AES: Rijndael, http://csrc.nist.gov/ encryption/ aes/rijndael/

2) FIPS-197: Advanced Encryption Standard, novembro de 2001, disponível em http://csrc. nist.gov/ publications/fips/fips197/fips-197.pdf

3) Daemen, J., Knudsen, L.R. Rijmen, V.: The Block Cipher Square, In Biham, E. (eds.), FSE'97, LNCS, vol. 1267, pp. 149-165, Springer Verlag, (1997).

4) Schneier, B; Kelsey, J., Whiting, D., Wagner, D., Hall, C., Ferguson, N., Kohno, T., Stay, M.,: The Twofish team's final comments on AES Selection, In Tadayshi, K., Mike S. (May 15, 2000).

5) Ferguson, N., Kelsey, J., Lucks, S., Schneier, B., Stay, M., Wagner, D., Whiting, D.: Improved cryptanalysis of Rijndael, FSE, LNCS'78, pp. 213-230, Springer Verlag (2000).

6) Biham, E., Dunkelman, O., Keller, N.: Related-key impossible differential attacks on AES-192, In CT-RSA'06, LNCS, vol. 3860, pp. 2--31, Springer Verlag (2006).

7) Murtaza, G., Ikram, N.: Novos métodos de geração de matrizes MDS. In: Actas do ICWC 2008, pp 129-133, ISBN: 978-983-44069, Kuala Lumpur, (2008).

8) Merkle, R.C.: Fast Software Encryption Functions, Proceedings of Crypto'90, pp.476--501, (1991).

9) Biryukov, A., Khovratovich, D., Nikolic, I.: Distinguisher and related-key attack on the full AES-256. Em CRYPTO'09, LNCS. Springer Verlag (2009).

10) Biham, E.: On Masui's Linear Cryptanalysis, EUROCRYPT, (1994).

11) Lai, X., Massey, J.L., Murphy, S.: Markov ciphers and differential cryptanalysis, In Davie, D.W. (eds.), Advances in Cryptology, Proc. Eurocrypt'90, LNCS 473, pp. 389-404, Springer Verlag (1991).

12) Biryukov, A., Khovratovich, D.: Related-key Cryptanalysis of the Full AES-192 and AES-256, IACR ePrint report 2009/317, 2009. Disponível em linha em http://eprint.iacr. org/2009/317.

13) Biryukov, A., Dunkelman, O., Keller, N., Khovratovich, D., Shamir, A.: Key Recovery Attacks of Practical Complexity on AES Variants With Up To 10 Rounds. Cryptology ePrint Archive, Relatório 2009/374, 2009. Disponível em linha em http://eprint.iacr. org/2009/374.

14) Henri, G., Thomas, P.: Super-Sbox Cryptanalysis: Ataques melhorados para permutações do tipo AES. Cryptology ePrint Archive, Relatório 2009/531, 2009. Disponível online em http://eprint.iacr.org/2009/531.

15) Courtois, N., Pieprzyk, J.: Cryptanalysis of block ciphers with overdefined systems of equations, In Zheng, Y., (eds.), ASIACRYPT'02, LNCS, vol. 2501, pp. 267-287, Springer (2002).

16) Kim, J., Hong, S., Preneel, B.: Ataques de retângulo de chave relacionada em AES-192 e AES-256 reduzidos. Em FSE 2007, LNCS, vol. 4593, pp. 225-241, Springer Verlag (2007).

17) Yong Zhuang, W., YuPu, H.: New Related-Key rectangle attacks on reduced AES-192 and AES-256, Science in China Press, vol.52, n.4, pp. 617626, Springer Verlag (2009).

18) NIST SP 800-90, Recommendation for Random Number Generation Using Deterministic Random Bit Generators, março de 2007

19) Biham, E., Keller, N.: Cryptanalysis of Reduced Variants of Rijndael, Disponível em http://csrc.nist. gov/encryption/aes/round2/conf3/aes3papers.html

20) Borst, J.: A cifra de Bolck: Grand Cru, Disponível em https://www.cosic. esat.kuleuven. be/nessie/workshop/submissions/grandcru. Zip

21) O NESSIE (New European Schemes for Signatures, Integrity and Encryption) foi um projeto de investigação europeu financiado entre 2000 e 2003 para identificar primitivas criptográficas seguras. https://www.cosic.esat.kuleuven.be/nessie/

22) Daemen, J., Rijmen, V.: A Estratégia de Conceção de Trilhos Largos. Em Bahram Honary, editor, IMA Int. Conf., LNCS, vol. 2260, pp 222-238. Springer Verlag (2001).

23) Daemen, J., Rijmen, V.: A conceção do Rijndael: AES - The Advanced Encryption Standard. Springer Verlag (2002).

24) Rimoldi, A.: Tese de doutoramento: Sobre propriedades algébricas e estatísticas de cifras do tipo AES. Tese de doutoramento, Universidade de Trento (2009) Disponível em http://eprints-phd.biblio.unitn.it/151/

25) Barken, E., Biham, E.: De quantas maneiras se pode escrever Rijndael? LNCS, vol. 2501, pp 160-175, ASIACRYPT (2002).

26) Ferguson, N., Schroeppel, R., Whitinf, D.: A simple algebraic representation of Rijndael, LNCS, vol. 2259, pp. 103-111, Proc. of SAC (2001).

27) Murphy, S., Robshaw, M.: Essential algebraic structure within the AES, Proc. of

CRYPTO 2002, LNCS, vol. 2442, pp. 1-16, Springer Verlag (2002).

28) Ferguson, N., Kelsey, J., Lucks, S., Schneier, B., Stay, M., Wagner, D., Whiting, D.: Improved Cryptanalysis of Rijndael, proceedings of FSE 2000, LNCS, vol. 1978, pp. 213-230, Springer Verlag (2001).

29) TMS320DM6443 Digital Media System-on-chip SPRS282E- dezembro de 2005 -Revisto em março de 2007.

30) Guia de referência da CPU e do conjunto de instruções do DSP TMS320C64x/C64x+, Número da literatura: SPRU732H outubro de 2008.

31) Using Block RAM in Spartan - 3 Generation FPGAs, Xilinx Application Notes XAPP463, março de 2005.

32) Murtaza, G., Ikram, N.: Classes de Exponente Direto e de Multiplicação Escalar de uma Matriz MDS. Relatório de ePrint do IACR 2011/151, 2011. Disponível online em http://eprint.iacr. org/2011/151.

MIX
Papier aus verantwortungsvollen Quellen
Paper from responsible sources
FSC® C105338

Printed by Books on Demand GmbH, Norderstedt / Germany